LCCN 2021910084
ISBN 978-1-955619-03-5

Casa Editorial - Datos de Publicación / Publisher's Cataloging-in-Publication Data

Nombres / Names: Charbonneau, Lizzie DeYoung, 1987– autora / author. | Iver, Misha, 1990– ilustradora / illustrator.

Título / Title: Todo tu cuerpo : !Desde tu cabeza hasta tus dedos de los pies, y todo lo demás! / escrito por Lizzie DeYoung Charbonneau ; ilustrado por Misha Iver.

Descripción / Description: Primera edición. | Medford, Massachusetts : Arctic Flower Publishing, [2021] | Audiencia: edad de 2–6. | Síntesis : "Todo tu cuerpo: !Desde tu cabeza hasta tus dedos de los pies, y TODO lo demás! " es un libro diverso, de género y habilidad inclusiva para niños pequeños sobre todo el cuerpo, que explica e ilustra todas las partes principales del cuerpo, incluyendo los genitales.-- Editorial.

Referencias / Identifiers: ISBN: 978-1-955619-00-4 (libro de tapa dura, en inglés) | 978-1-955619-02-8 (libro en rústica, en inglés) | 978-1-955619-01-1 (libro electrónico, en inglés) | 978-1-955619-03-5 (libro en rústica) | LCCN: 2021910084

Temas / Subjects: LCSH: Human body--Juvenile literature. | Human anatomy--Juvenile literature. | Human physiology--Juvenile literature. | Children's questions and answers--Juvenile literature. | CYAC: Human body. | Human anatomy. | Human physiology. | Human biology. | LCGFT: Anatomical atlases. | Instructional and educational works.

Clasificación / Classification: LCC: QM27 .C53 2021 | DDC: 612--dc23

Arctic Flower Publishing
Medford, Massachusetts 02155
United States of America

Visítenos en www.arcticflowerpublishing.com

Arctic Flower Publishing

# TODO TU CUERPO

## ¡DESDE TU CABEZA HASTA TUS DEDOS DE LOS PIES Y TODO LO DEMÁS!

Escrito por **Lizzie DeYoung Charbonneau**
Ilustrado por **Misha Iver**

¡Tu **CUERPO** es increíble!

Vamos a explorarlo—

**¡DESDE TU CABEZA HASTA TUS DEDOS DE LOS PIES, Y TODO LO DEMÁS!**

En la parte superior de tu cabeza puedes tener **CABELLO.** El cabello ayuda a que la cabeza se mantenga calentita cuando hace frío y fresca cuando hace calor.

*Existen muchos colores y texturas de cabello.*
*Algunas personas tienen el cabello claro.*
*Algunas personas tienen el cabello oscuro.*
*Algunas personas tienen el cabello liso.*
*Algunas personas tienen el cabello rizado.*
*Algunas personas no tienen cabello.*

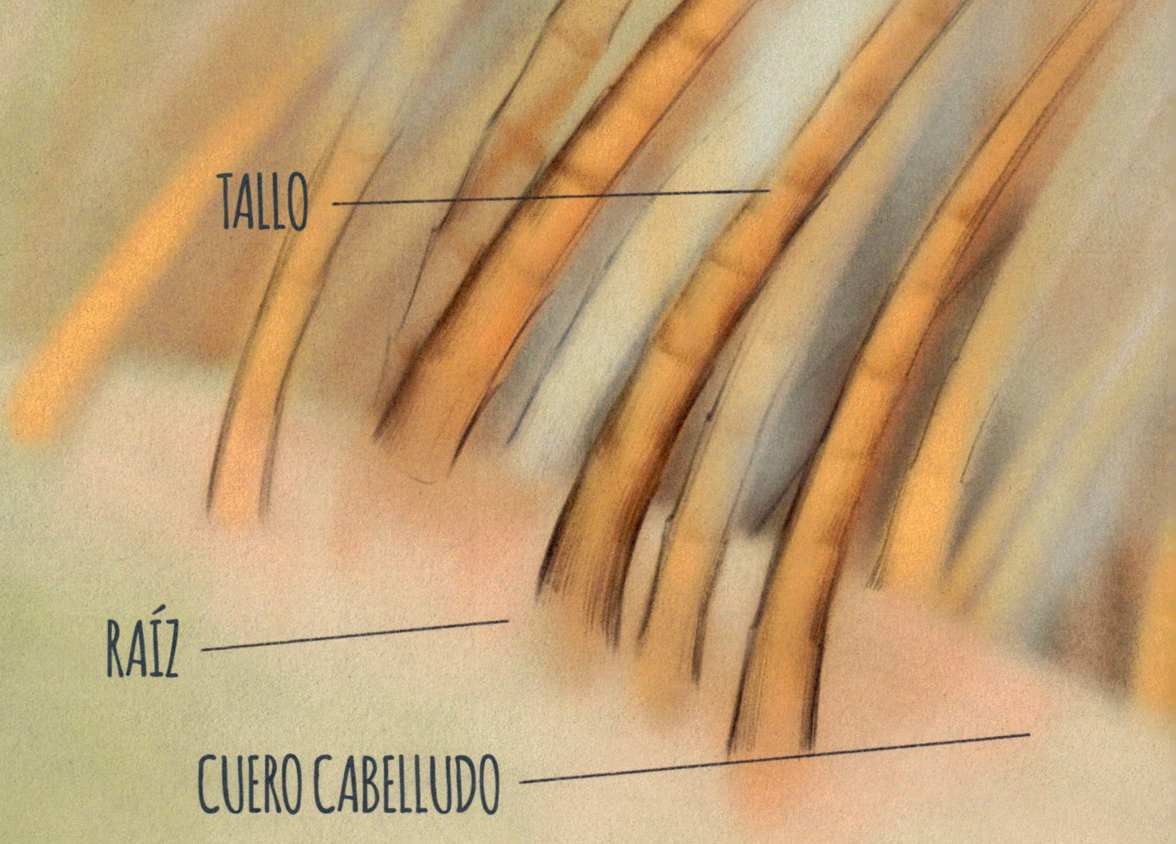

A los lados de tu cabeza se encuentran los **OÍDOS**. Utilizas tus oídos para escuchar sonidos, como el susurro de las hojas en el viento y el canto de los pájaros en un día de verano.

*Algunas personas tienen dificultades para oír y pueden utilizar audífonos o implantes cocleares para que las ayuden a oír mejor.*

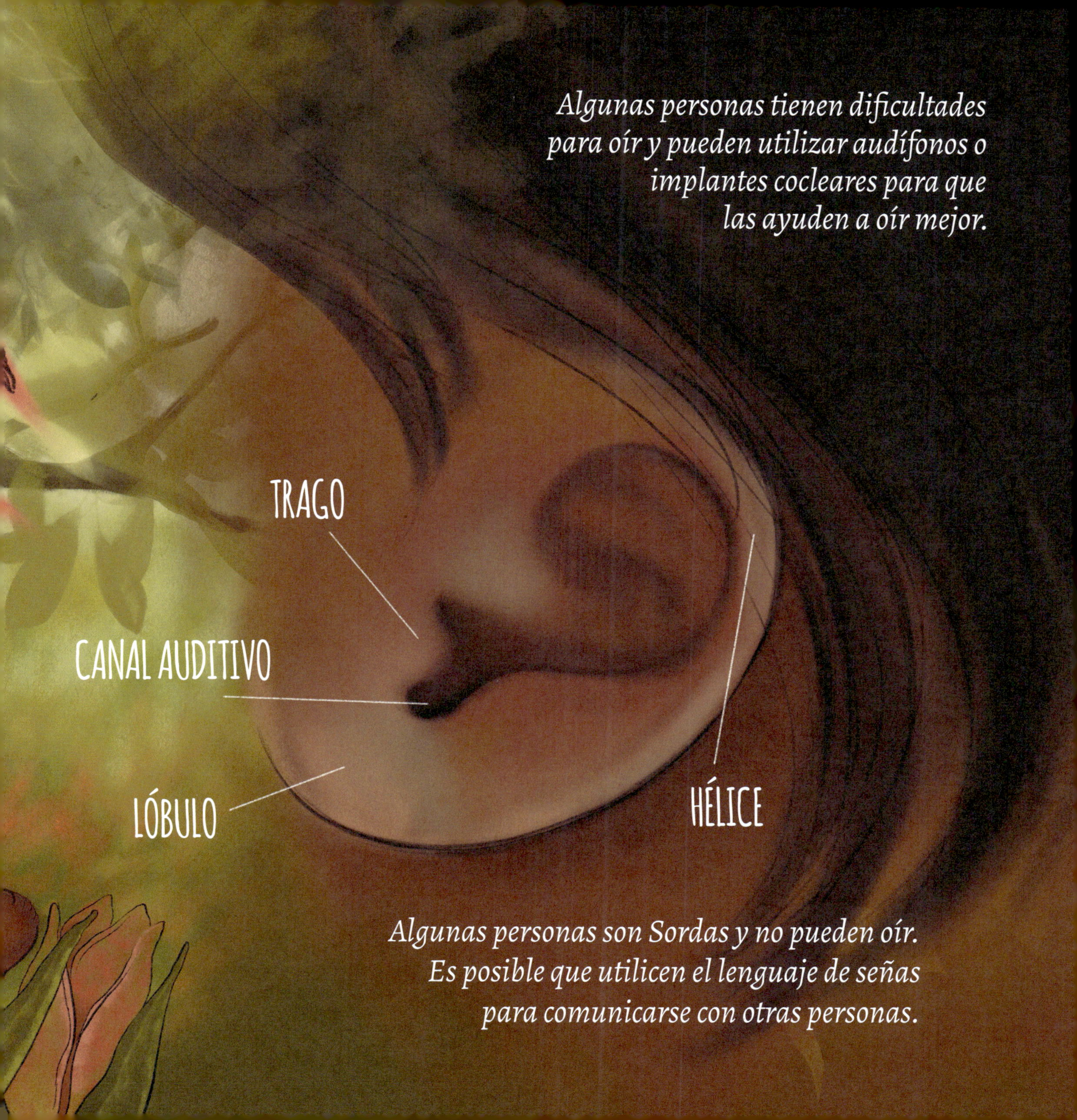


*Algunas personas son Sordas y no pueden oír. Es posible que utilicen el lenguaje de señas para comunicarse con otras personas.*

¡Después está tu **CARA**! Los movimientos que haces con tu cara pueden mostrarle a la gente cómo te sientes, como cuando estás feliz, triste, gracioso o enojado.

*¡Tu cara tiene 43 músculos que ayudan a mostrar tus emociones!*

Tus **OJOS** te permiten ver. Puedes ver las nubes del cielo, las sonrisas de tus amigos y las palabras en tu libro favorito.

*Existen muchas formas y tonalidades de ojos.*
*Algunos ojos son redondos. Otros son angostos.*
*Algunos conductos lagrimales están ocultos.*
*Otros se pueden ver.*
*Algunos párpados tienen pliegues. Otros son lisos.*
*Algunos iris son oscuros. Otros son claros.*

*Algunas personas tienen dificultades para ver y pueden utilizar gafas o lentes de contacto para ver con más claridad.*

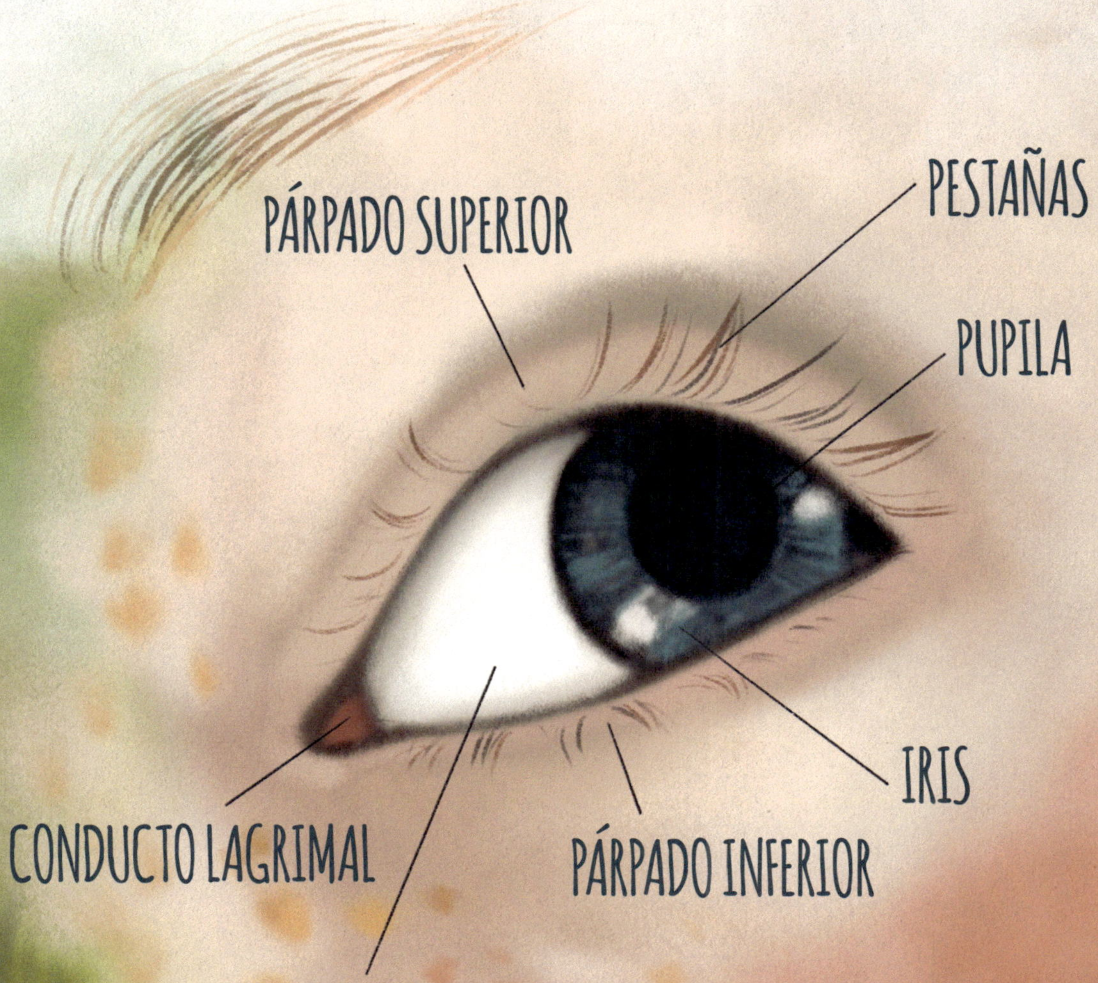


*Algunas personas son ciegas y no pueden ver. Utilizan el olfato, el sonido y el tacto para saber lo que las rodea. Pueden utilizar un bastón o un perro guía para saber por dónde caminar.*

Tu **NARIZ** te permite percibir los olores, como los de las flores en un jardín y el de la hierba después de la lluvia.

*El olor está directamente relacionado con lo que recuerdas y cómo te sientes al respecto.*

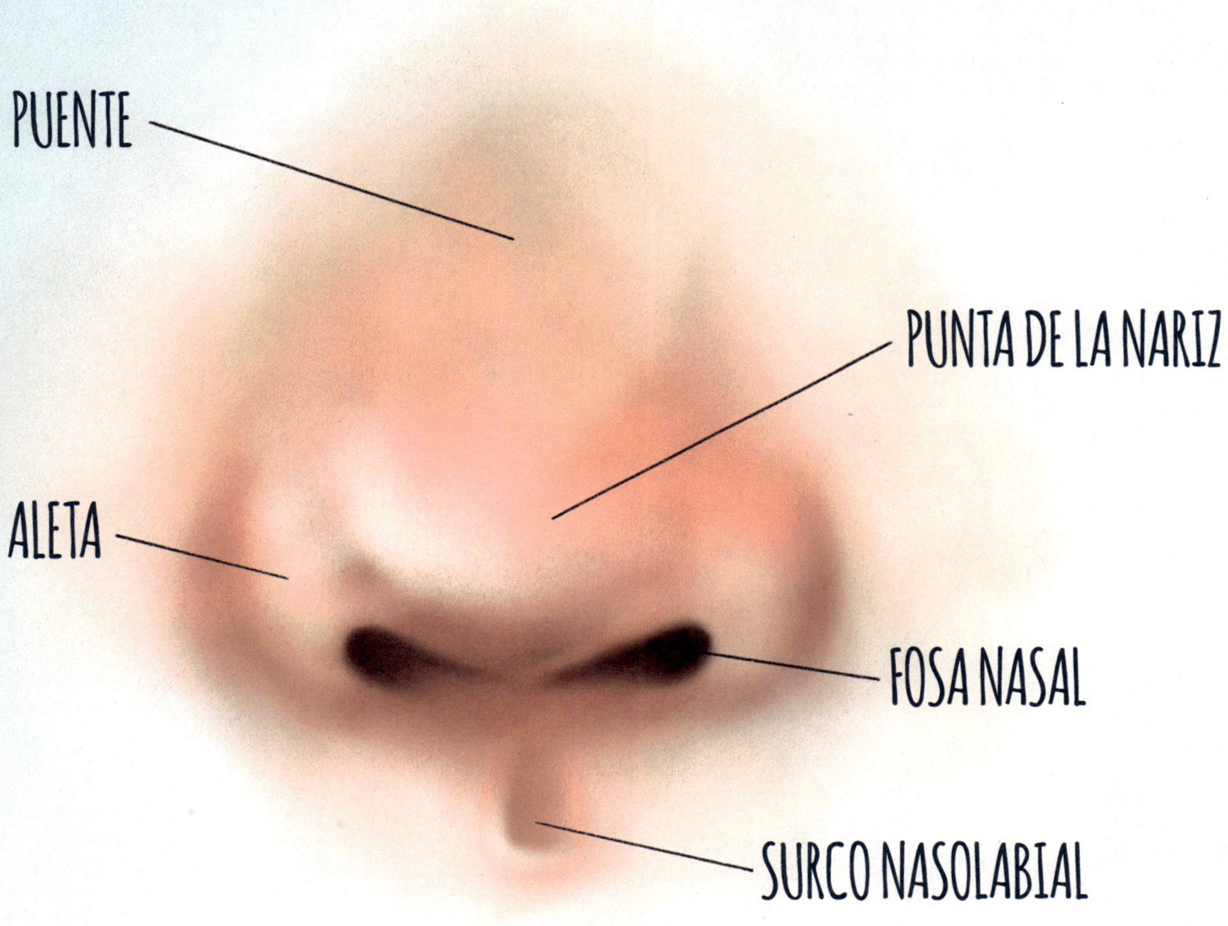

Tú respiras por la nariz y por la **BOCA**. ¡También utilizas tu boca para comer, hablar y sonreír!

*Cuando comes, los dientes mastican la comida y la lengua la saborea y te ayuda a tragarla.*

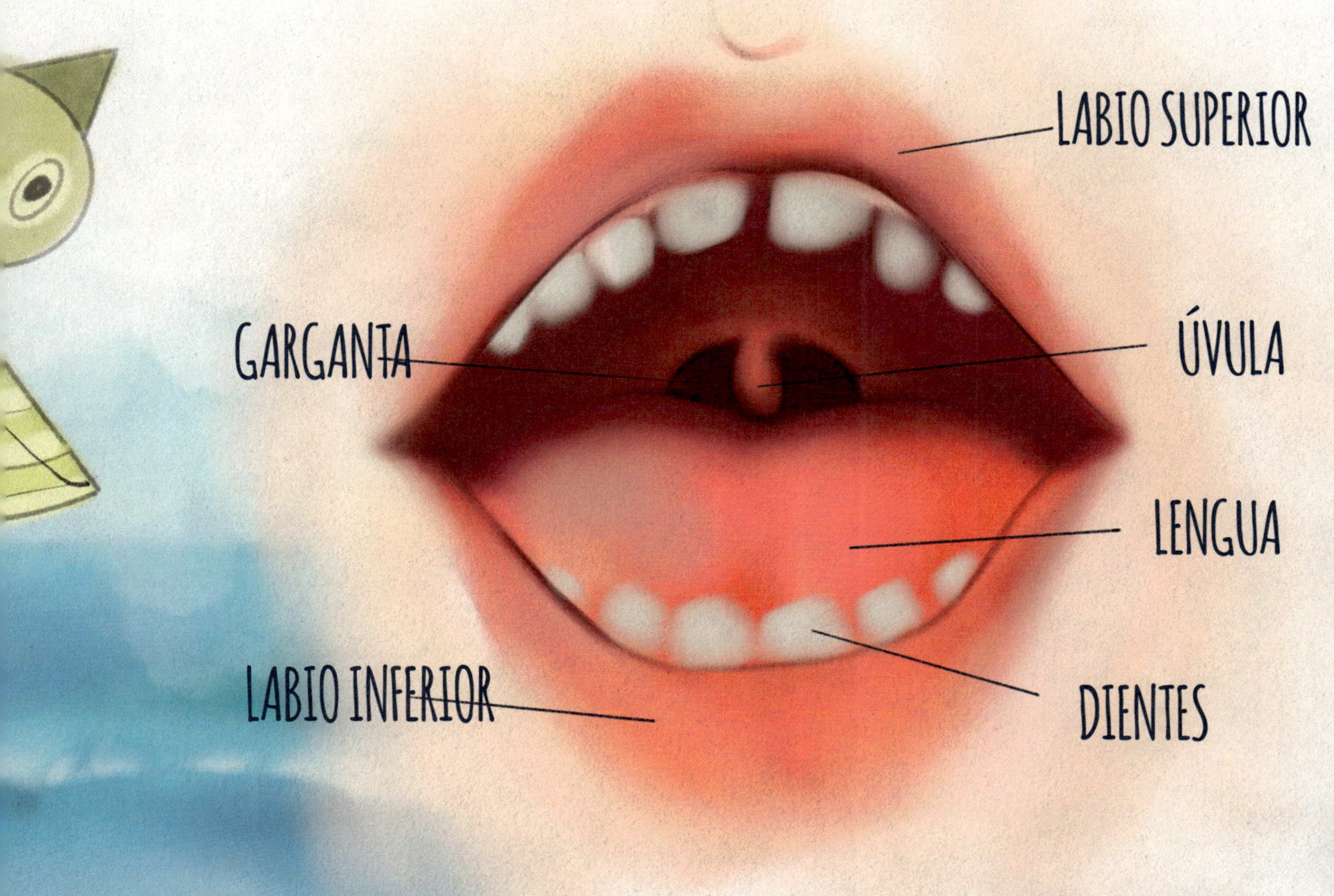


*Cuando hablas, tus labios y tu lengua hacen diferentes formas para crear las palabras.*

¡Tus **ARTICULACIONES**, como los hombros, los codos, las muñecas y las rodillas, permiten que tu cuerpo se doble para que puedas hacer cosas como lanzar una pelota, saltar la cuerda y bailar!

*Algunas personas sienten dolor en las articulaciones cuando hay cambios en el clima.*

Tu **PECHO** es donde el aire entra y sale de tu cuerpo. Cuando inhalas, tu pecho se hace más grande. Cuando exhalas, tu pecho se hace más pequeño.

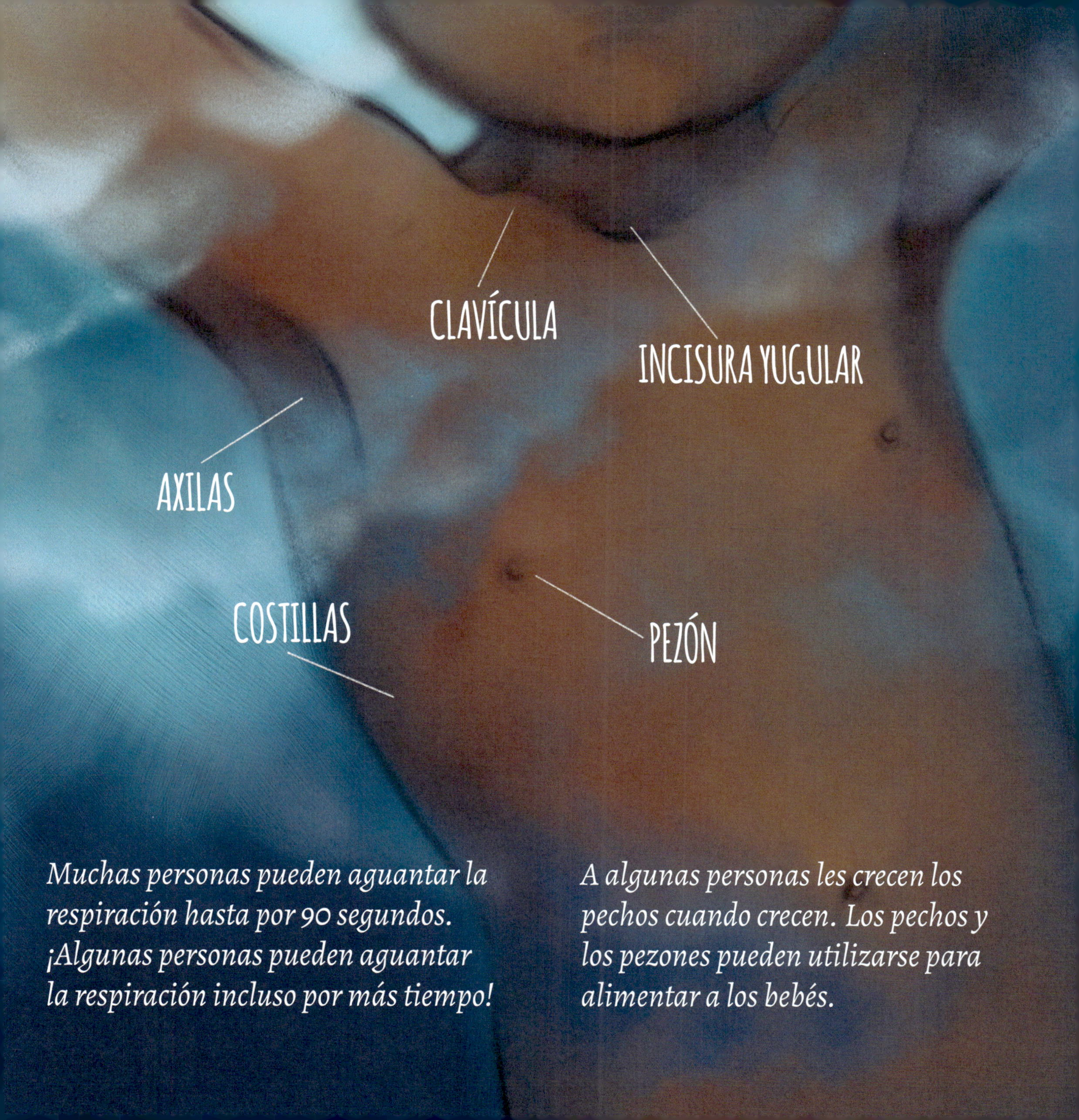


*Muchas personas pueden aguantar la respiración hasta por 90 segundos. ¡Algunas personas pueden aguantar la respiración incluso por más tiempo!*

*A algunas personas les crecen los pechos cuando crecen. Los pechos y los pezones pueden utilizarse para alimentar a los bebés.*

Con tus **MANOS** tocas y sostienes las cosas con ayuda de los **DEDOS** y los **PULGARES**. Tus manos te ayudan a hacer un dibujo, a resolver un rompecabezas y a sostener la mano de otra persona.

*Tus dedos se arrugan cuando se mojan para ayudarte a sujetar cosas que son resbaladizas.*

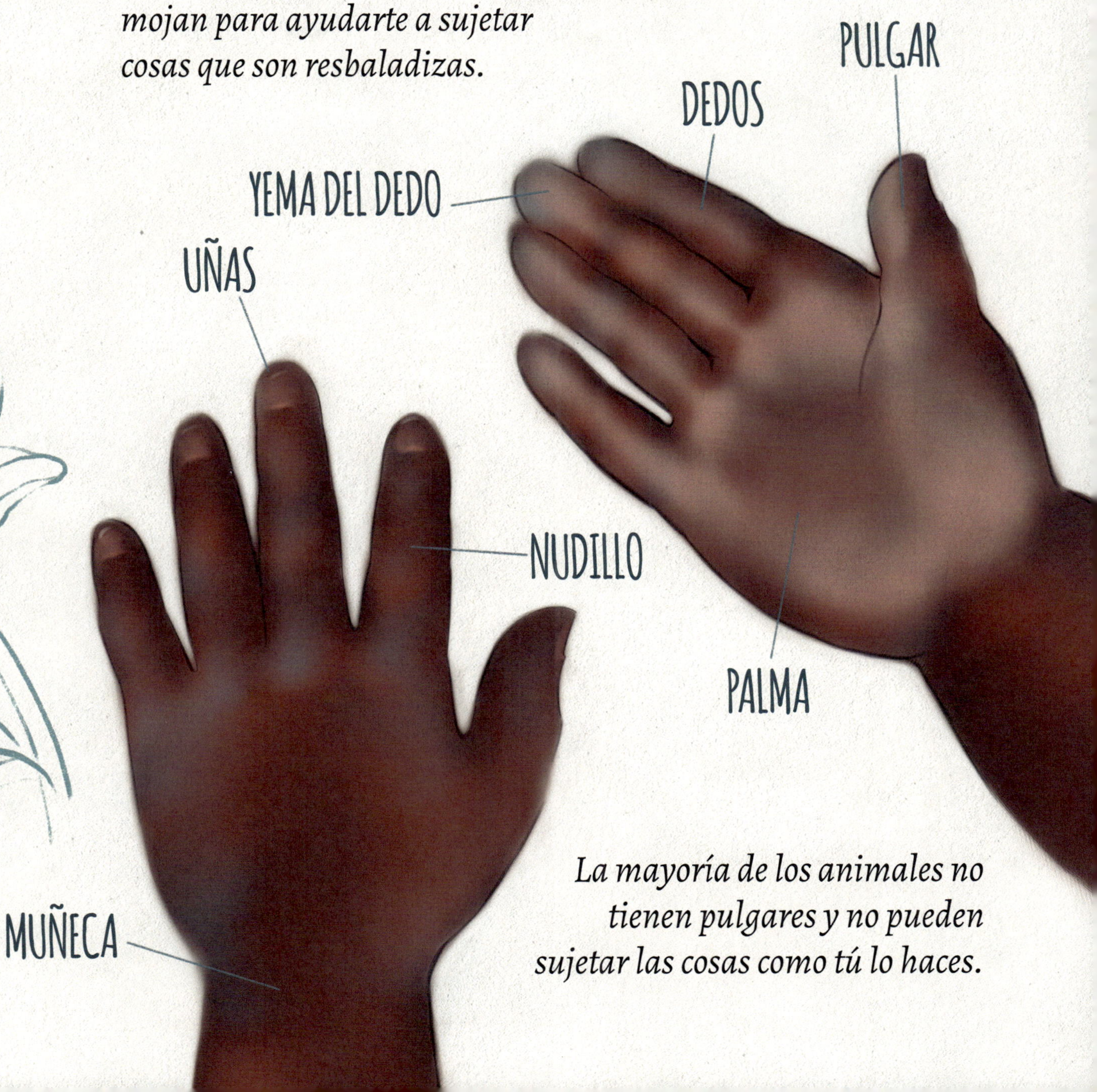


*La mayoría de los animales no tienen pulgares y no pueden sujetar las cosas como tú lo haces.*

Tus **BRAZOS** te ayudan a mover las manos hacia donde deben dirigirse. Juntos, tus brazos y tus manos te ayudan a trepar por las rocas, construir fuertes y a columpiarte en las barras trepadoras. También puedes utilizar los brazos para abrazar a alguien a quien amas.

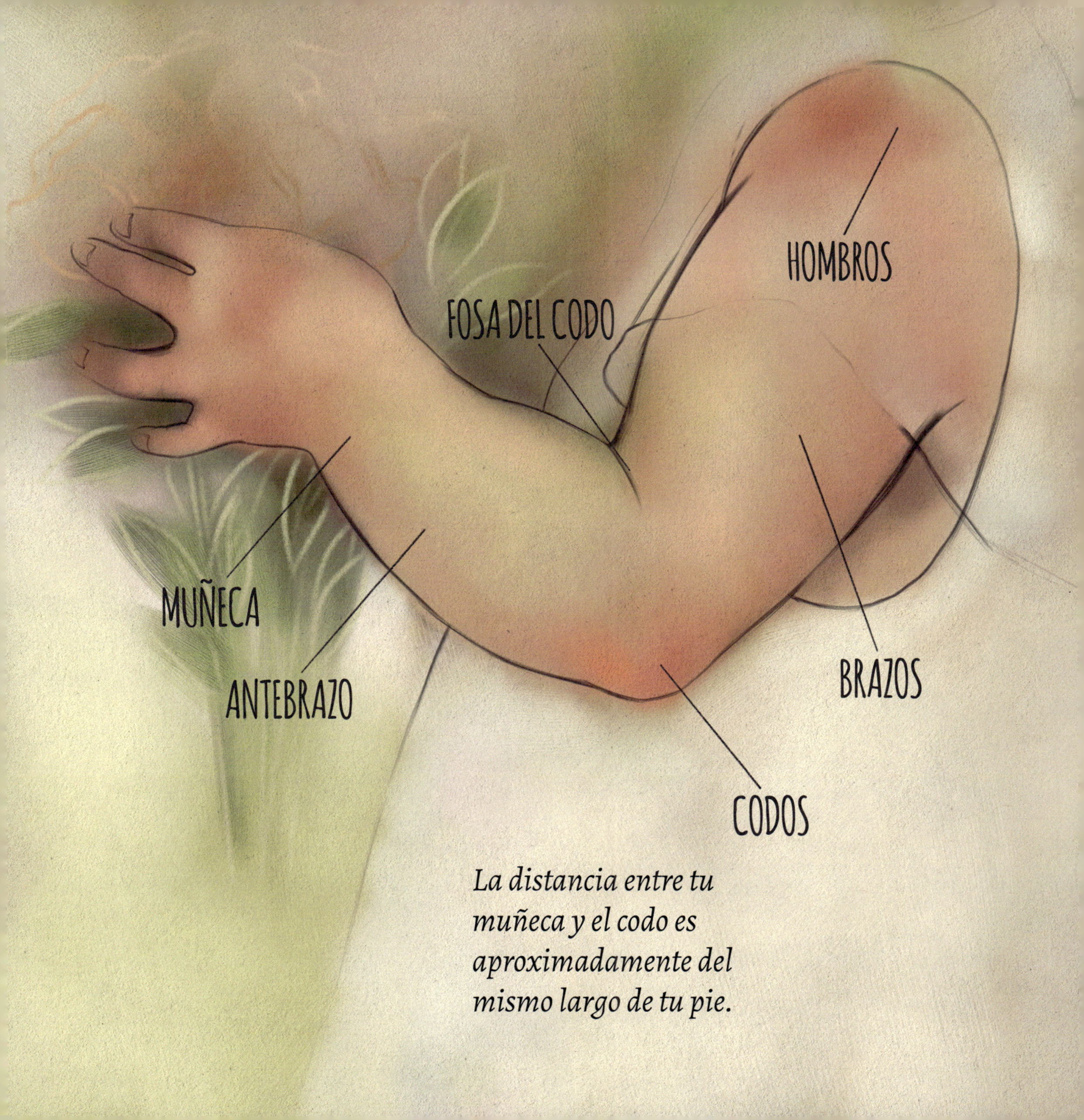


*La distancia entre tu muñeca y el codo es aproximadamente del mismo largo de tu pie.*

Tu **ABDOMEN** es donde
van los alimentos
después de ingerirlos.
Los alimentos ayudan a
tu cuerpo a funcionar.

*Al abdomen también se le llama barriga, vientre o estómago.*

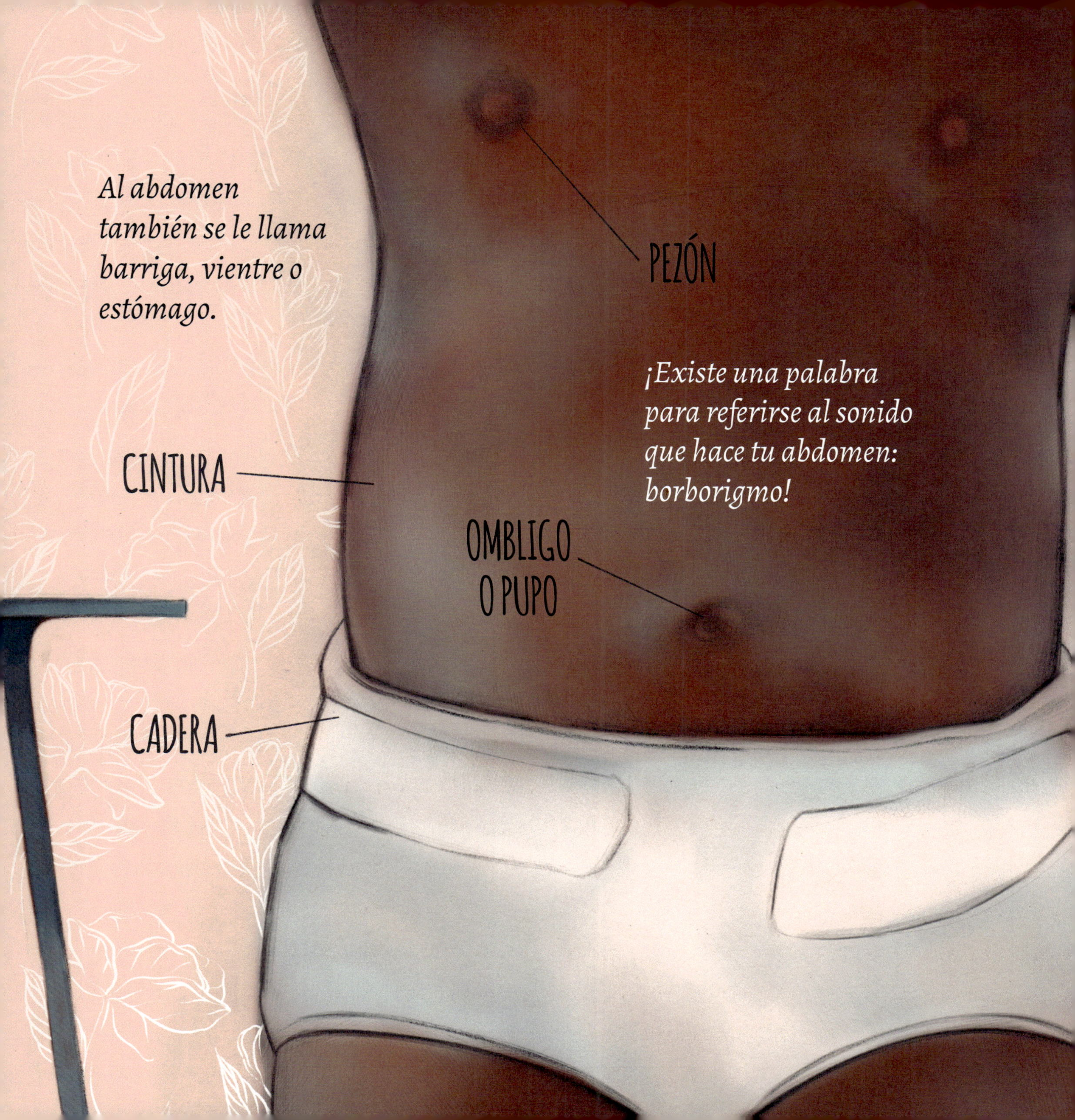


*¡Existe una palabra para referirse al sonido que hace tu abdomen: borborigmo!*

Después de que tu cuerpo ha terminado con la comida que ingeriste, lo que queda se convierte en heces y en orina. Las heces salen del cuerpo a través del **ANO**. La orina sale del cuerpo a través de la **URETRA**.

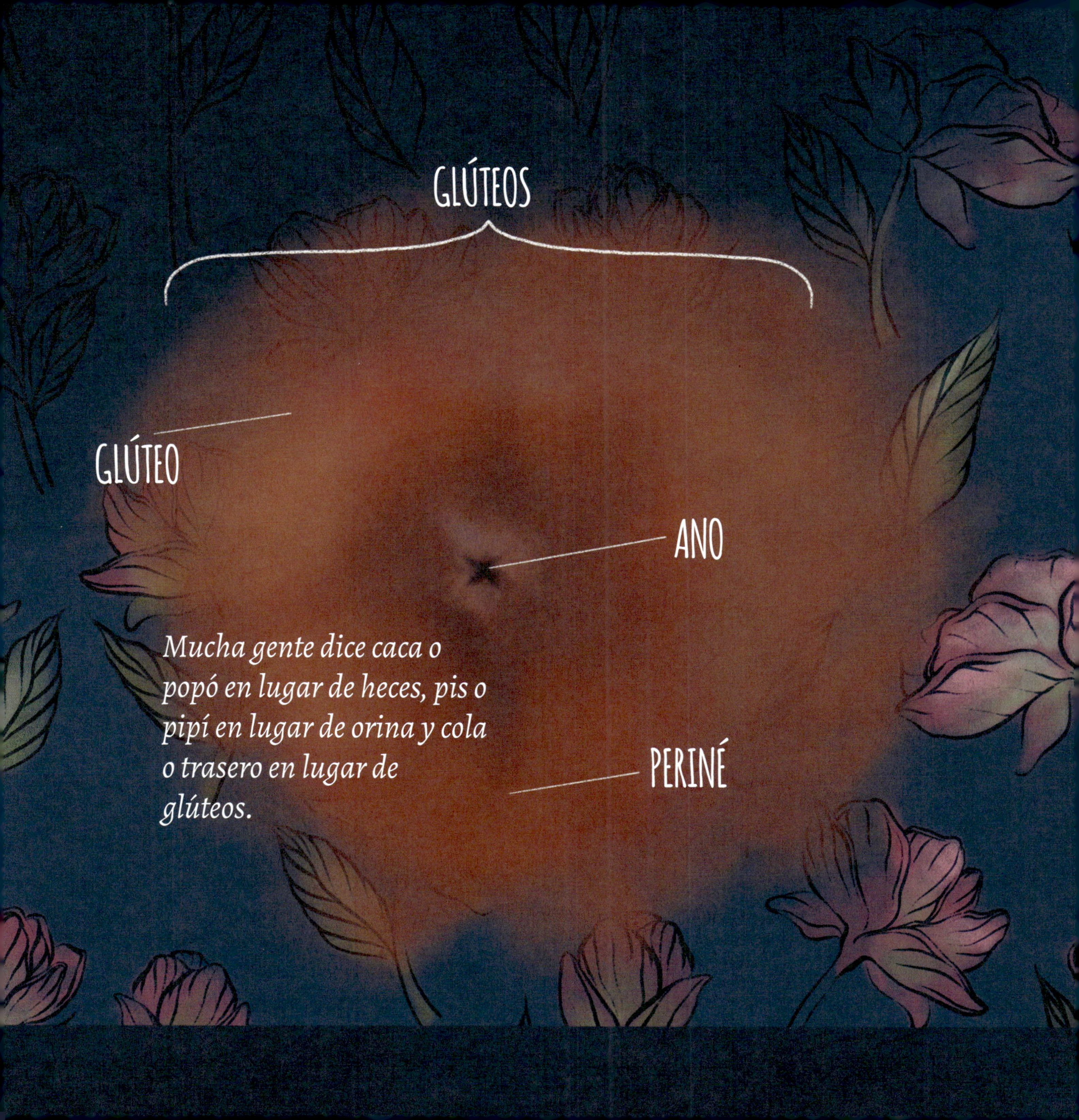


*Mucha gente dice caca o popó en lugar de heces, pis o pipí en lugar de orina y cola o trasero en lugar de glúteos.*

Algunas personas tienen **PENE** y **ESCROTO**.
El pene tiene una abertura para la uretra.
El escroto está debajo del pene.

*Algunas personas tienen piel, llamado prepucio, que cubre la parte superior del pene. Algunas personas están circuncidadas y se les ha retirado el prepucio.*

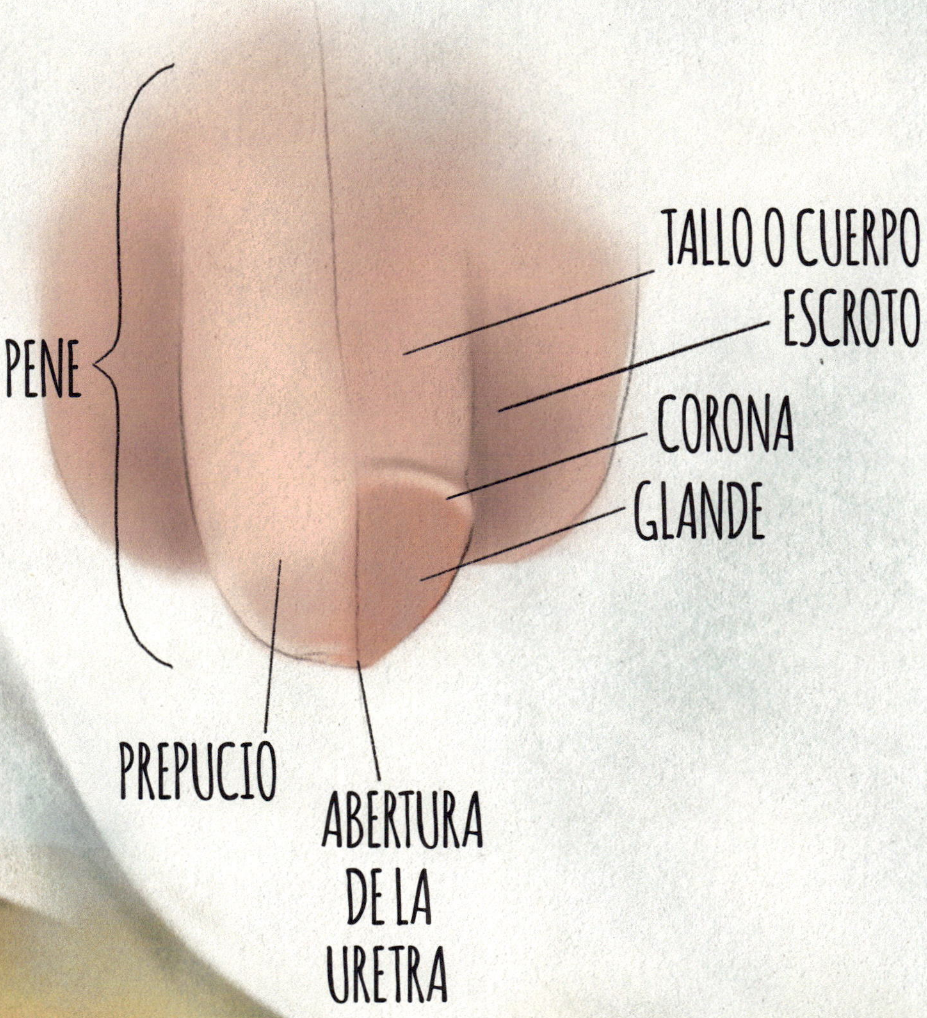

Algunas personas tienen una **VULVA**. La vulva incluye los labios, el clítoris, una abertura para la uretra y un orificio para la vagina.

*Algunas personas dicen vagina cuando quieren referirse a la vulva. La vagina está en el interior del cuerpo y la vulva en el exterior.*

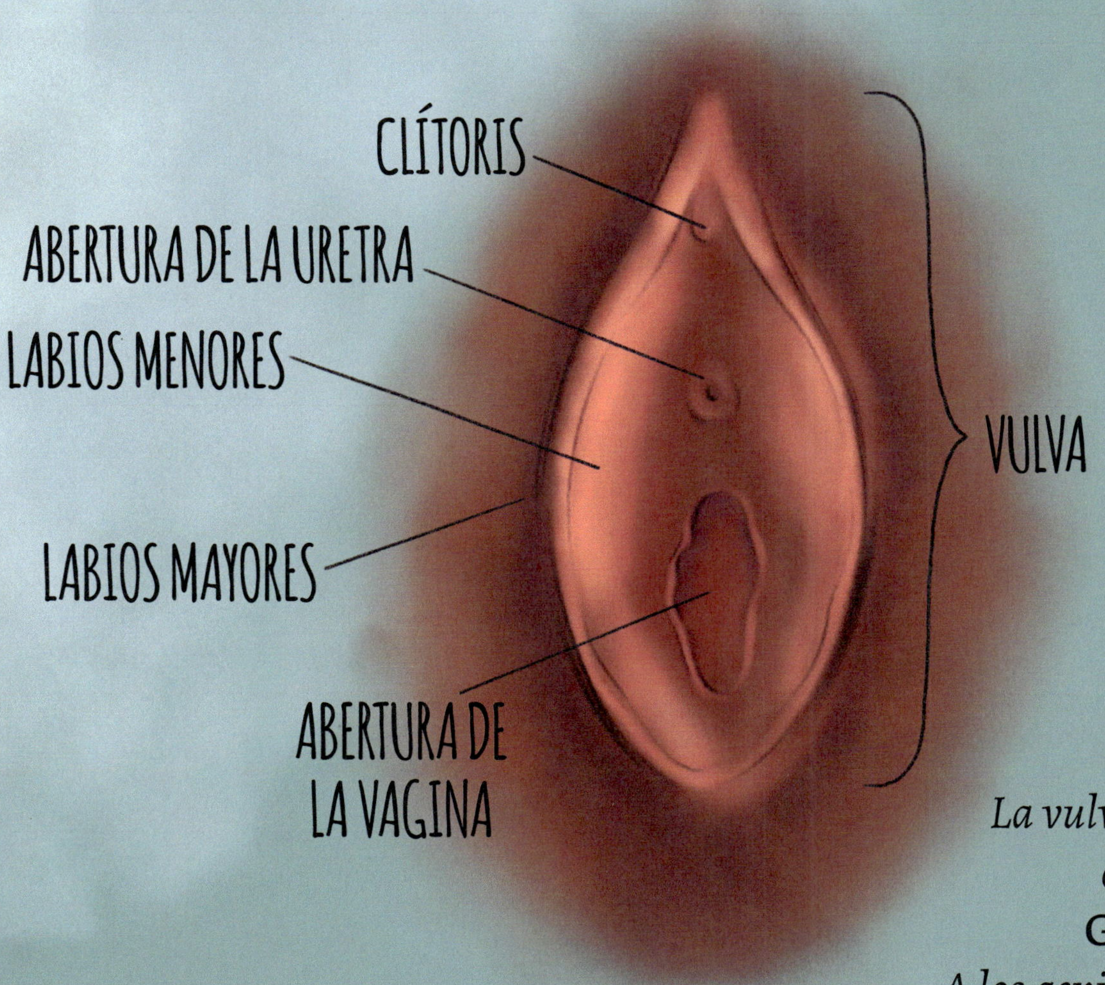


*La vulva, el pene y el escroto son los* **GENITALES.** *A los genitales también se les llama partes privadas.*

¡Tus **PIERNAS** ayudan a tu cuerpo a moverse. Puedes utilizar tus piernas para dar un paseo por el parque, correr una carrera y patear una pelota!

*Algunas personas tienen dificultades para mover las piernas y otras simplemente no pueden hacerlo. Es posible que utilicen aparatos ortopédicos, muletas, un caminador, un bastón o una silla de ruedas para desplazarse de un lado a otro.*

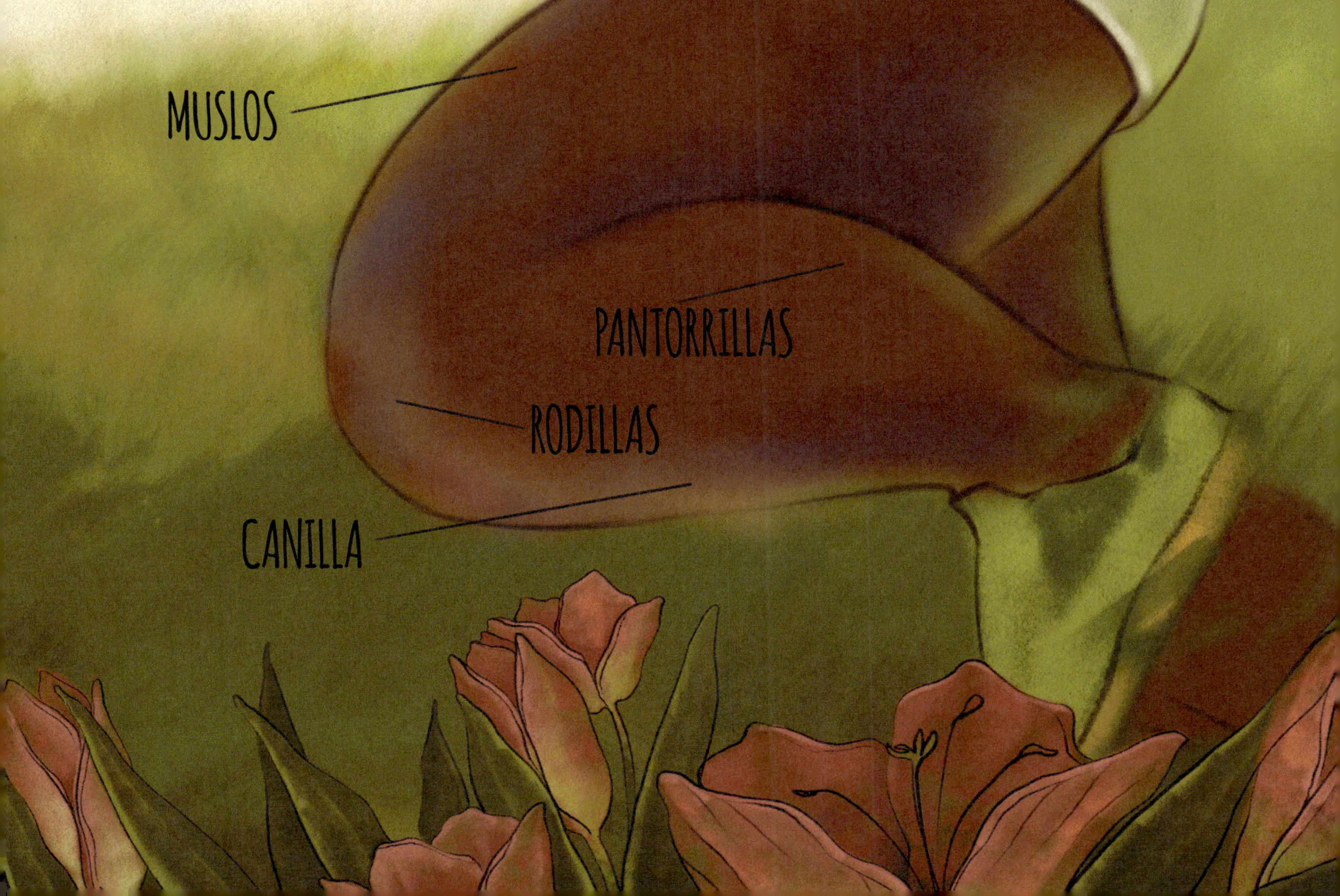

Tus **PIES** son los que sostienen tu cuerpo. Se encuentran en los extremos de tus piernas. En los extremos de tus pies están los DEDOS, que te ayudan a mantener el equilibrio para que no te caigas.

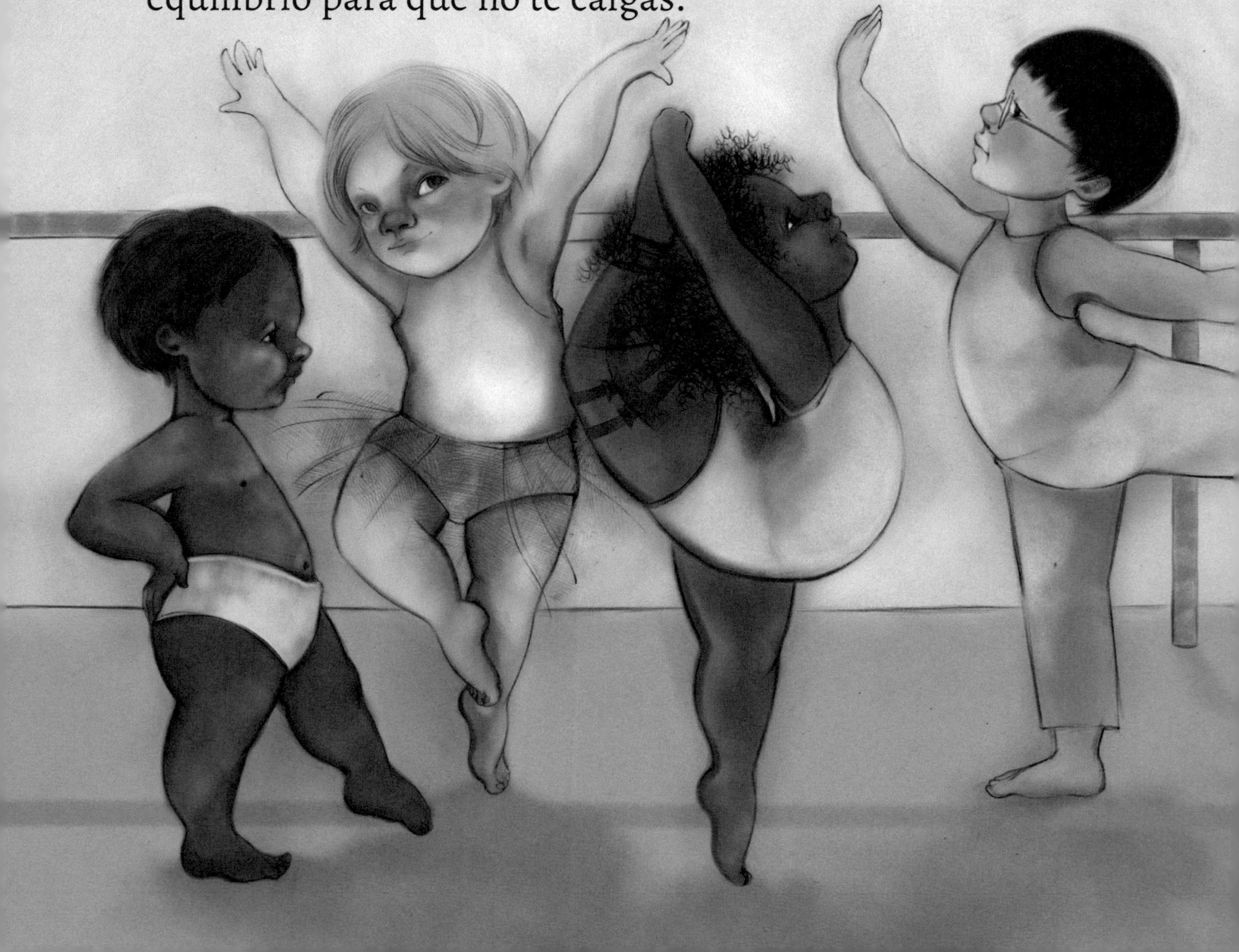

*Muchas personas tienen un pie un poco más grande que el otro.*

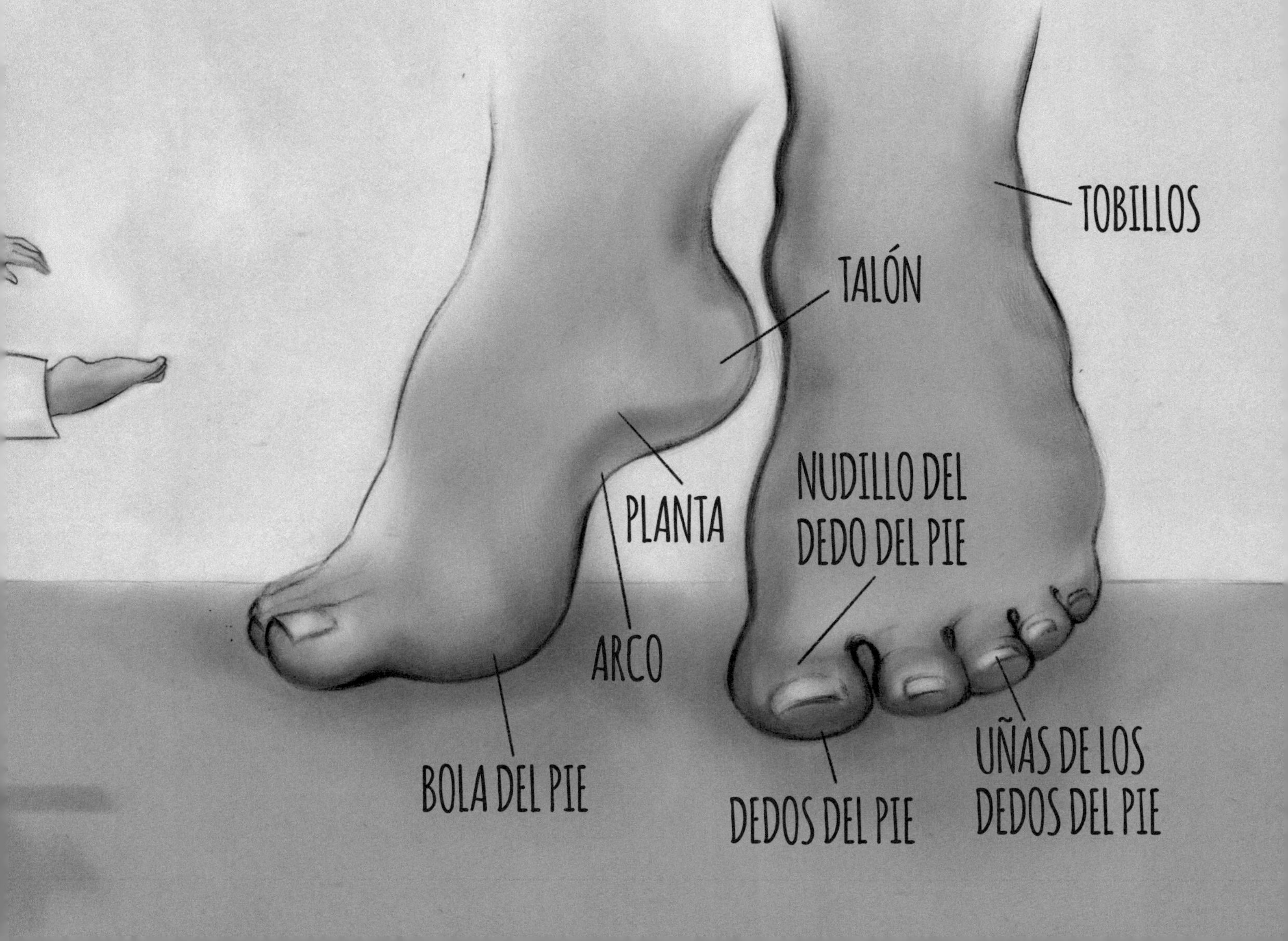

Todas las partes de tu cuerpo trabajan juntas para hacerte quien eres. ¡Desde tu cabeza hasta tus dedos de los pies, tu cuerpo es increíble!

Para Colin, mi increíble astronauta bailarín. -LDC
Para Lana y Forest, los dos grandes amores de mi vida. -MI

¡Este libro no podría haberse llevado a cabo sin el apoyo de muchas personas maravillosas! Nos gustaría dar un agradecimiento especial a Clare Boersma, Clare Hurley y Jan y Don DeYoung. ¡Gracias!

Lizzie DeYoung Charbonneau es autora de libros infantiles, desarrolladora de software y madre. Lizzie creció en Anchorage, Alaska y actualmente vive en Massachusetts.

Lizzie cree que es importante que los niños pequeños conozcan los nombres de todas las partes de su cuerpo. Para enseñar a su hijo a conocer su cuerpo, Lizzie buscó un libro ilustrado que hablara sobre los genitales de la misma manera que lo hacía sobre las otras partes del cuerpo. Al no encontrar ninguno, decidió escribirlo, consultando a otros padres, expertos en seguridad infantil, pediatras, especialistas en género y educadores. El resultado es Your Whole Body (Todo Tu Cuerpo), un libro inclusivo para niños sobre todo el cuerpo.

Para obtener más información, visite *arcticflowerpublishing.com*.

Misha Iver es una ilustradora que ha establecido su hogar en Burlington, Vermont.

Debido a su convicción de que la literatura infantil representa inspiración, transformación y esperanza, se siente afortunada de trabajar en este campo donde puede formar parte de una fuerza significativa y hermosa.

Misha Iver se inspira profundamente en la naturaleza, y en su amor por la ilustración botánica la cual se ha convertido en su especialidad.

Puedes comunicarte con Misha en *mishaiver.com*

Made in the USA
Monee, IL
05 November 2026

67378076R00026